会 讲 故 事 的 童 书

Magnificent Chinese Science and Technology in Ancient Times

了不起的
中国古代科技②

邱成利　谷金钰 主编　文小通 著

中采绘画　杨 义 绘

光明日报出版社

前 言

　　《了不起的中国古代科技》是一套为孩子量身定制的科普读物，内容包含中国科学院自然科学史研究所推选的重要科技项目和英国科技史学家李约瑟所研究的中国古代科技成果。

　　要想从浩瀚如星河的中国古代科技成果中选取一百多项，实在是一个大工程。经过专家们多次研讨、分析，最终确定以"了不起"为原则，选择了在当时领先全球的科学技术成果。

　　全书共四册。第一册主要展示中国古代农耕方面的科技成果，如二十四节气、水稻栽培、茶的发现、猪的驯化等；第二册、第三册主要展示中国古代领先于世界或独特的发明发现，如瓷器、青铜铸造、针灸、地动仪、"四大发明"等；第四册主要展示中国古代重大工程创造成就，如都江堰、秦陵铜车马、大运河、布达拉宫、紫禁城等。

因篇幅有限，书中涉及到工序流程时，部分内容只选择了几个重要步骤，不再一一指出。

由于古代科技发明创造十分繁杂，在进行目录排序时，编者进行了反复讨论，最终决定，用分类加时间的方式进行排列。比如第一册，先将本册的科技成就分成作物栽培、农具、调料作料等大类，然后将每一类按照时间先后顺序进行排列。

本书定稿后，专家们又进行了细致审读，前后共七次，每次都字斟句酌，反复推敲，加上撰稿、绘画、设计等时间，这套书精工细作，历时三年始出。

本书知识量大，难免有遗漏及错失之处，欢迎读者批评指正。

目 录

25 髹漆 06
华丽的"防护服"

26 琢玉 10
他山之石，可以攻玉

27 象牙雕刻 14
牙齿上开出的"花"

28 犀角雕刻 16
牛角上的奇思异想

29 瓷器 18
泥巴里玩出来的珍宝

30 青花瓷 22
惊艳世界的蓝色

31 阳燧 24
向太阳取火的凹面镜

32 青铜铸造 26
进入文明时代的标志之一

33 叠铸法 30
钱币是怎么造出来的

34 古战车 32
战场上的撒手锏

35 胸带式系驾法 36
让马儿舒服地快跑

36 马镫 38
改变战局的"小玩意儿"

37 弩 42
冷兵器之王

38 新莽铜卡尺 44
游标卡尺的鼻祖

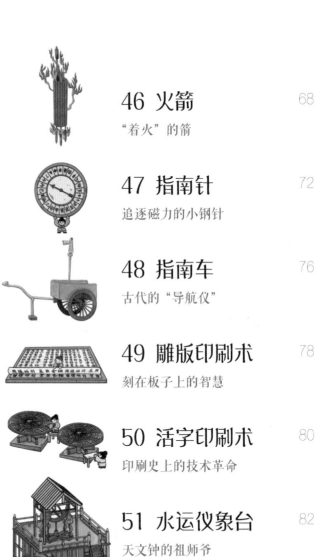

39 地动仪   46
感知地震的"脉搏"

40 造纸术   50
把麻布、树皮变成纸

41 铁的冶炼   54
从一块陨石开始

42 风箱   58
简单实用的发明

43 水排   60
利用水力来鼓风

44 铁浮屠   62
传说中的超级铁甲

45 火药   64
影响世界的发明

46 火箭   68
"着火"的箭

47 指南针   72
追逐磁力的小钢针

48 指南车   76
古代的"导航仪"

49 雕版印刷术   78
刻在板子上的智慧

50 活字印刷术   80
印刷史上的技术革命

51 水运仪象台   82
天文钟的祖师爷

髹漆

华丽的"防护服"

髹（xiū）漆又称髤漆，就是用漆涂在物体表面，是雕漆工艺中的一步工序。

8000 多年前，在杭州跨湖桥一带生活着一群原始人。为了捕猎，他们用树干或树枝制成了简单的弓。不过，木弓脆弱易坏，还容易受到干湿度的影响，也会被虫蛀。一次，有人偶然间注意到，一种树的树皮中流出的液体是黏黏的、透明的，便随意地把这种液体涂在了木弓上，结果发现木弓容易长时间保存了。这种树就是漆树，木弓涂上漆液后，被称为漆弓。

一只漆木碗

7000多年前，在河姆渡一带，有原始人用整段木头挖成了一只木碗，外面还刻成了瓜棱状，看起来很不错。不过，木碗渗水、受潮，还容易腐坏，于是原始人把漆涂抹在木碗上，使木碗能长久地保存。

黎明去采漆

古代，植物非常繁茂，古人每天与植物打交道，对植物就像对兄弟姐妹一样了解。他们注意到，夏季高温、雾多时，漆液流量大。于是他们半夜进山，日出时采漆。

"如胶似漆"

这是最早的"漆"字之一，好像一棵树正在滴着汁液。漆树的汁液非常黏，古诗"以胶投漆中，谁能别离此"和成语"如胶似漆"都透露了这一点。

怎么采漆呢

古人来到森林里，会挑选碗口以上粗细的漆树，割开树皮，放光里面的水，再用器物或竹管接住漆液。为了防止漆树"受伤"后死掉，古人不会环绕着漆树割断树皮，而是小心地留出一定宽度的营养带，一般只会割成新月形小口子，以便漆树能继续生长。

漆色变变变

刚采下来的漆是半透明的灰白色；一会儿，被空气氧化，就变成了栗壳色；再过一会儿，漆干了，颜色就变成了深深的褐色。古人很浪漫，对色彩的追求从无止境，他们会在漆中加入朱砂或赭（zhě）石，使之变成红色；或加入铁元素，使之变成黑色。

> 人家想要一个公主粉！

> 我们汉朝漆器的主色调就是红和黑，难道你想造反？

油和漆的故事

从树上采下来的漆叫生漆，要经过晾晒或炼制，去除水分和杂质，成为熟漆，才能使用。不过，这样做很吃力，还要花很长的时间。于是，有人把漆和桐树榨出的桐油混在一起，可以直接使用，还能调制出各种颜色，漆因此也叫油漆。

华丽的改变

商周时期，髹漆技艺不断提高，古人还用松石、螺壳、蚌壳等装饰器物。

大名鼎鼎的漆园吏

战国中期思想家庄子曾担任漆园吏，管理漆树和采漆等事务。他的著作《庄子·人间世》中，还记载了孔子南游时诉说采漆的情景。可见髹漆在当时已经很常见了。

> **你知道吗？**
> 中国的漆工艺对世界的漆工艺产生了影响，为人类文明做出了重大贡献。

漆器工艺的高光时刻

汉朝时，漆器迎来了高光时刻，绚烂华丽，令人叹为观止。此后，髹漆的工艺也更多了。

最早的翻模技术

南北朝时，出现了夹纻漆像。先做泥胎，再用漆把麻布贴在泥胎外，漆干后反复涂多次；最后把泥胎挖出，塑像轻而坚固。

螺钿

上漆后，雕出凹形图样，然后把贝壳磨成薄片，镶嵌在图样中，再髹光漆。

金银平脱

把金银箔剪成好看的图案，贴在器物上，再上漆打磨，使金银片纹露出来。

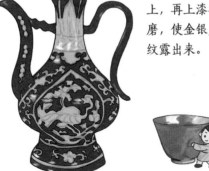

剔红

漆半干未干时，会形成一层软膜，古人趁这个时候再刷几层甚至几十层漆，然后，在上面画上花纹，剔除多余的漆。这就是剔红。此外还有剔黄、剔绿、剔黑等。

戗金

先漆上一层漆，再用针或刀尖刻画出纤细的图案，再把金漆填入图案的凹槽中。

罩金髹

先上有颜色的漆，再上透明漆，就像罩了一层透明罩，这就是罩金髹。故宫太和殿中的龙椅使用的就是罩金髹，400多年后它仍闪闪发亮。

26. 琢玉

他山之石，可以攻玉

在8000多年前，中国北部兴隆洼（今内蒙古自治区及东北地区）的茂密丛林里，有一群原始人过着采集和狩猎的生活。很偶然地，有人在山间河道中发现了一些奇特的石头，它们晶莹剔透，也很坚硬。他们把石头捡了回来，用石器把这种石头打磨成装饰品、礼器等。这种石头就是玉石，原始人打磨玉石的过程，就是琢玉的开端。

玉从哪里来

玉是从山上、河里采来的。在海拔很高的山上，埋藏着玉石，被称为山料。山料经过风吹雨打，在风化中被剥离出来，又被流水冲到山下的河里，被称为水料或籽料。

采 玉

山路陡峭，激流凶险，无论是上山还是下河，开采玉石都很艰难和危险。但古人对玉的追求依旧火热。唐朝时，古人开山采玉，先用火烧山，等温度很高时，再泼上冷水，利用热胀冷缩的原理使矿石裂开，再用简单的工具采掘玉石。

捞 玉

每年的 7~8 月，水势减小，古人就会到河道里、河滩上捞玉。虽然山、河属于大自然，但官方还是严格规定，百姓不能随便捞玉，要等官方捞完之后，或者在官方捞玉之外的地方，百姓才可以去捞玉。

挖 玉

随着时间的流逝，一些河流会改道，这样一来，原来的地方就会留下很多籽料，古人也会在那里挖寻玉石。

玉的"变身大法"

玉藏在石头中，采来玉石后，就可以琢玉啦。琢玉可不是雕玉。你听说的玉雕，都是磨（琢磨）出来的，叫琢玉。"玉不琢，不成器"的说法就是这么来的。早期，古人主要依靠人工打磨，慢慢地他们学会了利用工具来琢玉。

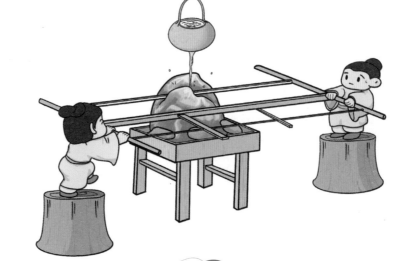

翡翠是玉的一种，古人常在翡翠上琢刻吉祥的图案，如龙凤等。

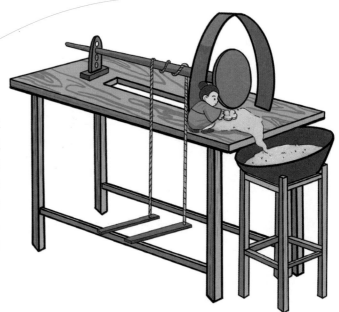

切割

古人发明出一种像锯子一样的工具，两个人拉扯工具时，工具上方的壶会流出解玉砂和水，慢慢地把玉石磨出一道深沟，最后玉石就被分割成两块了。

捣沙

什么东西能琢玉呢？当然是比玉更硬的东西啦，比如，石榴子石砂、刚玉砂等琢制玉器用的矿砂，叫解玉砂。先把解玉砂捣碎，解玉砂的每一粒小砂石都相当于一把锋利的小刀，所谓"他山之石，可以攻玉"指的就是它。

琢磨

开始琢玉啦！琢玉的工具叫水凳，也叫旋车、砣（tuó）机。砣是一个圆片，古人一踩脚踏板，木轴就会带动砣转动。砣上加解玉砂和水，让它们不断地和玉摩擦，就能琢制出各种玉器来了。

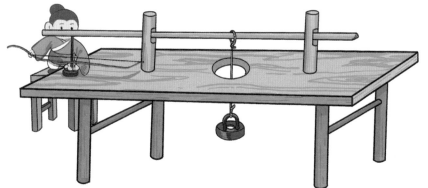

原始人发明的机器

早在新石器时代，原始人可能就发明了简单的砣机。在此后的几千年里，砣机不断"进化"，但基本构造没有大的改变。今天，使用解玉砂琢玉的砣机技术已经失传了。

令人叹为观止的技艺

良渚文化时期，古人已经能够熟练运用切割、弦纹、阴刻、钻孔、镂空、浮雕等技艺。良渚反山出土的"琮王"上有神人兽面纹，刻纹极细，在仅 2.5 毫米的宽度内竟有 13 道纹！精细程度令人叹为观止。

钻孔

玉器还要钻孔，以便穿绳佩戴，古人有绝招：坐在桌旁，固定好玉器，然后拉动弯弓，让弯弓带动扎杆的钻头旋转，在玉器上钻出一个圆孔。

磨亮

想要玉器光亮温润该怎么办呢？古人的办法多得是。他们会用木砣继续研磨；如果玉器上有细密的花纹，就用干葫芦片做成小砣研磨；还有用牛皮做成皮砣研磨的呢。

27 象牙雕刻

牙齿上开出的"花"

7000多年前，中国浙江河姆渡一带气候温润，植物茂盛，很多大象生活在那里。原始人喜欢大象那散发着光泽的牙齿，等大象自然死亡后，就把象牙留下来，在上面雕刻出花纹，在祭祀时使用，或作为饰物。有一天，一个河姆渡人在象牙上雕刻了5个同心圆，象征太阳；又雕刻了火焰，象征太阳的光芒；在太阳两边还雕刻了一对小鸟，向着太阳振翅欲飞，构图有一种欢快活泼的气息。这就是双鸟朝阳纹象牙蝶形器，是中国早期象牙雕刻工艺的代表作之一。

双鸟朝阳纹象牙蝶形器

保护大象

今天，大象是受保护的动物，禁止猎杀和交易，任何人都不能随意残害生灵，更不能用象牙制作任何东西。

象牙插梳

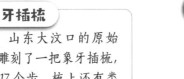

山东大汶口的原始人雕刻了一把象牙插梳，有 17 个齿，梳上还有类似八卦的图案。可能是原始人用石刀制成的，作为巫师的头饰。等占卜时，巫师就把它拿下来，作为占卜的工具。

劈丝

象牙非常坚硬，古人却能劈出丝来。你知道是怎么劈的吗？先把象牙泡在一种药水中，让象牙变软，然后再把它劈成丝。象牙的纹理顺着象牙的弯度延伸，劈丝时要顺着象牙的纹理，才能保证丝不会断。

一条奢华之路

原始人的想象力和雕刻技艺已经远远超出了我们的想象，他们为了表达内心世界，已经懂得用镂雕、圆雕（立体雕）等技法。到商朝时，古人甚至在象牙器上镶嵌宝石，使牙雕走上了奢华路线。

商嵌绿松石象牙杯

出土于商王武丁的妻子妇好墓。妇好是一位女性军事家，多次带兵出征，30 多岁早逝。武丁伤心地厚葬了她。这件象牙杯酒器就是随葬品，米黄色的杯身上嵌有绿松石。

月曼清游

《月曼清游图》是清朝画家陈枚创作的描绘深宫中嫔妃们 12 个月生活场景的绢本设色画，造办处的匠人根据画稿用象牙雕刻出来，人的头发、眉眼用黑漆染成，并镶嵌各色宝石，还用螺钿镶嵌了诗歌，为清朝牙雕的代表作。

鬼工球

宋朝时，古人用镂雕、透雕的方法刻出了很多个套在一起的同心球，叫"鬼工球"。这种工艺堪称鬼斧神工，先要把象牙锯开，制成一个圆球，再把这个球制成很多层，每层都可以自由转动，还要套在一起，每一层都要雕刻花纹。清朝时，"鬼工球"已经可以制出 60 层。

幸亏我没困在里面，不然可就迷路了……

28 犀角雕刻

牛角上的奇思异想

保护犀牛

没有杀戮就没有伤害。1993年，中国政府颁布条令，禁止使用犀牛角，禁止任何犀牛制品交易。

商周时期（公元前 1600 年—公元前 256 年），中原（黄河中下游地区，属于亚热带气候），温润潮湿，不仅大象喜欢徜徉在这里，很多犀牛也在这里生活。古人与犀牛接触多了，渐渐发现犀牛角可以入药，有凉血、解毒的功效。于是，有人用犀牛角雕成了酒杯，刻上美丽的图案，酒杯华贵漂亮，人们希望它能有助于人的健康。这种犀牛角酒杯在当时被称为兕觥（sì gōng）。

天然的美

古人喜欢犀牛角，还因为它"天生丽质"：有纯黑色、纯黄色；有黑中带黄色纹理或黄中带黑色纹理；纹理有的像鱼子或小米，有的像龙，有的像山或水，有的像日月星辰……美不胜收。古人在雕刻犀牛角时，会根据它的颜色和纹理创作，达到一种天然的美感。

犀角杯

多好看的花呀，可惜不能戴在头上。

灵犀

《山海经》中记载了一种长着三只角的犀牛，其中的顶角里有白纹，称为"灵犀"。

是在说我吗？

身无彩凤双飞翼，心有灵犀一点通。

臭角和香角

犀牛角很硬，需要在淡盐水等液体里煮，等到软化后才能拿来雕刻。有的犀牛角用皮毛轻轻摩擦，会散发出淡淡的香味；有的犀牛角腥臭味很大，需要去腥、染色后才能雕刻。

治犀第一人

明朝时，出现了一位犀角雕刻名匠，名叫鲍天成，有"治犀第一人"之称。他雕刻过仙人乘槎（chá）犀角杯等作品，被赞为"绝技"。

你知道吗？

清朝曾有规定：非洲犀牛角不入药。因为非洲很多草料都有毒素。其实，犀牛角的构成和人类的指甲、头发差不多，也是一种角质。

仙人乘槎犀角杯

29 瓷器

泥巴里玩出来的珍宝

挖高岭土

运高岭土

撒草木灰

草木灰上釉法

把陶器浸泡在混有草木灰的石灰浆中，让草木灰薄薄地包住陶胚，可以防水。这种上釉方法，被称为"草木灰上釉法"。

在旧石器时代，原始人类也喜欢玩泥巴。他们用泥巴捏成盆盆罐罐，放在火中烧硬，就这样发明了陶器。据说在商朝时（公元前1600年—公元前1046年），伊尹（后为商朝贤相，是中国历史上第一个帝王之师）在陶器的基础上发明了瓷器。有一次，伊尹准备烧制陶器，却突逢大雨，陶器被淋湿了。他赶紧把草木灰撒上去，想用它吸干湿气、雨水。雨停后，他继续烧造。让他惊喜的是，烧成的陶器比之前的更坚硬细腻。这就是原始瓷器。瓷器是中国古人的一个非凡的创造，是中华民族对世界文明的伟大贡献。

陶 + 瓷 = 陶瓷

现在你已经知道了，平时你听到的"陶瓷"，其实是两种东西：一种是陶器，一种是瓷器。如果你想知道它们的具体区别有哪些，就接着往下看吧。

瓷器的颜色

为什么瓷器的颜色有红有绿、绚烂多彩呢？因为釉料里铁的含量不一样。白瓷的釉里氧化铁含量一般低于1%，青瓷的釉里氧化铁含量为1%~3%，黑瓷的釉里氧化铁含量超过4%。晚唐五代的越窑出产了一种秘色瓷，颜色可夺"千峰翠色"，至今无人研究出这种颜色的釉方。

陶罐

彩绘陶瓶

陶器小档案

出生日期： 大概在 2 万年前。

身世： 来自普通的黏土家族或陶土家族。

经历： 需要经过烧制才能诞生。烧制时，温度较低，一般在 700℃~1000℃。

风格： 刚出生时，外貌很不起眼，色彩单调，但到了 7000 多年前，一个华丽转身，陶器身上出现了彩绘，斑斓古朴，被称为"彩陶"。

特性： 肌肉（胎体）粗松，容易吸水，表面也不够光滑，敲击时会发出沉闷的声音。

秘色瓷盘

九秋风露越窑开，夺得千峰翠色来。

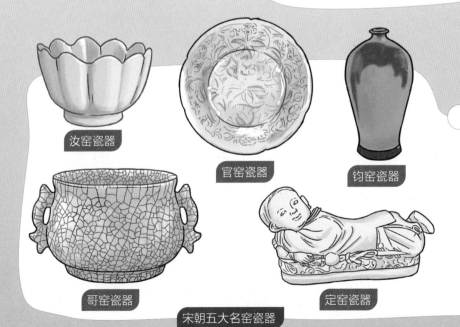

汝窑瓷器

官窑瓷器

钧窑瓷器

哥窑瓷器

定窑瓷器

宋朝五大名窑瓷器

瓷器小档案

出生日期： 大约在 3000 年前。

身世： 来自特殊的高岭土家族，有高雅的颜色，触感细腻。高岭土是因产于江西景德镇高岭村的一种黏土而得名。

经历： 烧制时，需要高温，烧成温度基本在 1200℃ 以上。

风格： 刚出生时，颜色以青色为主，但后来就色彩纷呈，越来越艳丽了。

特性： 不仅烈火焚烧"若等闲"，肌肉比"陶大哥"结实，还基本不吸水，表面光滑，敲击时会发出清脆的声音。

你知道吗?

"中国"一词在英文里写成"China",这个单词的另一个意思是——瓷器。

瓷器是怎么制作出来的呢?一起来看看吧。

制坯

像揉面一样揉搓瓷泥,把里面的气泡排出来,并让水分均匀地分布在泥中。揉好后,把瓷泥制成瓷器的坯子。

淘泥

先将呈块状的瓷土粉碎,再用工具打成粉状,然后反复淘洗,过滤出里面的杂质,再用磁石吸出里面的铁,有时还会加入石英等物质。

画坯汶水

在坯上画好看的花纹,也可以把花纹印在上面。之后,将坯浸入水中,让画和坯自然融合,称为汶水。也有人会含在嘴里,并喷在坯上。

上釉

釉是涂在瓷器表面的玻璃质薄层，上釉时，可直接浸釉，也可以吹釉。吹釉是指用一根竹筒，把釉轻轻地吹到瓷器外面。如果要给瓷器里面上釉，就把釉倒进瓷器中，轻轻摇晃。

上彩

釉下彩是先上彩再施釉，经高温烧成；釉上彩是先施釉再上彩，经低温固化而成；釉中彩是按釉上彩之法上彩、施釉，再经高温快烧，兼具釉上彩和釉下彩的优点。

烧制

一般用松木烧制，因为松木油脂多，燃烧时火焰高，耐烧。雨天开工最好啦，因为湿度大，烧出来的瓷器更透亮，光泽也更柔和。

瓷器是怎么漂洋过海的

中国的瓷器远销世界各国。古人为了让瓷器在漂洋过海时不破碎，便把瓷碗等摞起来，碗和碗之间撒上沙土、豆种，再用绳子捆住。之后，定期洒水。等豆子发芽，长成藤蔓，包裹着瓷器之后，瓷器就不怕碰撞了。豆芽还可以食用，补充维生素。

㉚ 青花瓷

惊艳世界的蓝色

青花瓷用的是釉下彩技术，烧制出来的图案就像穿了一层防护衣，光亮柔滑，色调是清新的蓝色，因此得名"青花瓷"。

相传古代时，景德镇有一个瓷工，给瓷器刻花时不小心刻坏了。他非常沮丧，想用笔来画，却找不到合适的颜料。他有个没过门的妻子，名叫青花，听说此事后就进山寻找颜料。瓷工见青花久去未归，便上山寻找。那天正好大雪纷飞，瓷工发现青花已经冻死在路上，身边还放着许多矿石。瓷工哭着掩埋了青花，将石料带回去研磨成颜料，在瓷坯上画画，最终烧制出了青翠欲滴的蓝纹瓷器。这就是青花瓷。

元朝景德镇窑青花云龙纹象耳大瓶，或是世界上最著名的瓷瓶，现藏大英博物馆。

你知道吗？

青花瓷最早在唐朝时出现，宋朝时受冷落，元朝时又受重视，在技术上也迎来了巅峰时刻，所以元青花很有名。

浓艳的蓝色

青花瓷最大的特色就是颜色，那么，为什么会出现这种蓝色呢？因为它使用了含钴的颜料。这种颜料来自伊拉克、波斯等地出产的苏麻离青——苏麻离青来自钴矿。氧化钴有最稳定的蓝色，不管怎么重复烧，都不会变色，而且，蓝色十分浓郁艳丽。

| ❶ | ❷ | ❸ | ❹ |
| ❺ | ❻ | | |

青花青料青几许

❶ 苏麻离青：浓重青翠，有"铁锈斑"等成分。

❷ 平等青：灰蓝色，淡雅清亮。

❸ 回青：清幽泛紫，多与石子青混合使用。

❹ 浙料：青翠、艳丽、明亮。

❺ 石子青：蓝中带黑，灰暗，多与回青混合使用。

❻ 珠明料：纯正之蓝，明丽如蓝宝石。

青花瓷的"脚"

在给青花瓷绘制花纹时，大物件可以放在桌子上画，至于杯子、小盒子等很小的物件怎么办呢？瓷工们想出一个办法：在拉坯时给它们留一截泥脚，画的时候握着泥脚就能操作了，等画完后再把泥脚去掉。

随着技术越来越进步，明朝时，青花瓷再一次迎来了辉煌，出现了豆青釉青花、黄地青花、青花五彩等品种。

还有"保护罩"

为了防止窑炉中的灰尘、烟污染了瓷器，瓷工们还会在入窑前给每个瓷器套一个防护罩，叫"匣钵"。

31 阳燧

向太阳取火的凹面镜

远古时期，传说有一个燧明国，那里长着燧木树。一天，一个智者看到一只鸟在啄燧木，树干冒出了火花，他折下一根树枝，学着鸟啄木的样子钻木取火。这个发明了人工取火的智者就是燧人氏。从此，人们吃上了用火烹饪而成的熟食。到了西周（公元前1046年—公元前771年）时，有人用铜或铜合金铸造出一种凹面镜，利用阳光照射来取火。这种凹面镜叫"阳燧"，也叫"金燧"。

你知道吗？

古人把能产生火的东西称为"燧"，"阳燧"就是利用太阳光取火的凹面镜。

出土于陕西周原遗址的西周时期的阳燧，由于在地下被埋了上千年，已经腐蚀，锈迹斑斑。

蚌壳的启发

古人是怎么想到发明阳燧的呢？可能是在日常生活中，他们注意到光射在水面、冰块、蚌壳、水晶等物体上时，会被反射；平时吃剩下的大蚌壳，圆圆的，还可以聚光。他们从观察中受到启发，最终发明出了阳燧。

阳燧的"魔法"

阳燧又叫火镜，是一个圆形的铜镜，镜面向内凹陷。使用时，将阳燧放在太阳光下，然后拿着易燃的东西放在镜面上方，就像变戏法一样，没过多长时间，东西就被点燃了。

你知道吗？

古人把阳燧做成凹面镜的形状，当阳光直射在凹面上，会从不同角度反射出来，在距离镜面不远的地方聚集成一个亮点，只有芝麻粒那么大。将易燃物放在聚光点处，就会被点燃。

看古人怎么制作阳燧

做镜范
用黏土和细砂做出镜坯，再雕刻花纹或铭文，之后阴干，再焙烧成形。

浇筑
将铜、锡等金属用高温熔化，然后将滚烫的"金属汁"倒入镜范中，等待冷却、成形。

打磨
将白矾、水银、白锡、鹿角灰4种原料研磨，再用毛毡蘸之，在铜镜凹面上反复擦拭，镜面就变得光滑明亮了。

白矾能去污去锈，水银能反光，白锡能让镜面更为明亮，鹿角灰能使镜面变得平滑。如果凹面不光滑，就无法很好地聚光。

32 青铜铸造

进入文明时代的标志之一

5000多年前，在甘肃省临洮县的马家窑一带，一些原始人过着日出而作、日落而息的生活。他们在山上狩猎、采集野果时，无意中发现了铜矿，他们试着冶炼铜矿石，制造了一些简单器物，比如青铜刀。他们把青铜刀当成祭品。当部落中有身份尊贵的人去世时，他们就把青铜刀作为等级很高的随葬品埋入地下。他们是中国第一批铸造青铜器的人。

你知道吗?

青铜器在古时被称为"金"或"吉金"，是红铜与其他化学元素锡、铅等的合金。

铜矿石藏在哪里

青铜是第一种被人类大规模使用的金属材料，它的使用是人类进入文明时代的主要标志之一。那么，古人是怎么寻找铜矿的呢？古人注意到，在一些蓝绿色的石块（孔雀石，颜色和孔雀羽毛很像）下面往往会有铜矿石；在开满铜草花的地方，也可能有铜矿。古人是不是很聪明？

辘轳真好用，又拽上来一筐矿石。

古人采矿是由浅入深、先露采再坑采的。人们用锤子、楔子等工具凿开坚硬的岩石；如果他们挖的矿井很深，还要用横梁、立柱等组成框架，支撑岩壁；他们为了排出地表水和地下水，还制作了木槽、木桶、竹筒等。

红铜和青铜

最早，人们发现的是红铜，但红铜很软，没法将其制造成工具。有人偶然发现，在红铜里加入锡、铅等金属，制造出的合金器具就坚硬了，这就是青铜。夏、商、周时期，青铜器迎来鼎盛时期，被称为"青铜时代"。

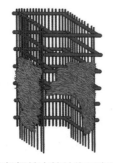

商朝铜岭支护结构示意图

战国青铜弩机，冷兵器时代的"狠角色"。

越王勾践剑

出土于湖北江陵望山，剑脊的含锡量较低，使剑柔韧，不易折断；剑刃的含锡量较多，使剑硬度大，更锋利。此剑深藏地下千年，依然非常锋利，可一次划破26层纸。

天下第一剑，我舞舞看！

西周晋侯鸟尊

商四羊方尊

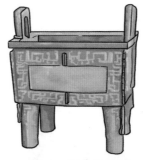

我就是大名鼎鼎的后母戊鼎！小读者们，寒暑假时可以来位于北京的中国国家博物馆和我会面哦。

青铜器是青绿色的吗

你可不要以为青铜器是青绿色的，它刚铸造完成时，是黄金一样的颜色，古人叫它"金"，刻在它上面的文字就叫"金文"。今天，你看到的青铜器之所以是青绿色，是因为它经过几千年的氧化，生出了一层青灰色的锈，"青铜"一词就是这么来的。

你知道吗？

后母戊鼎是商王为祭祀母亲所铸，鼎高133厘米、口长110厘米、口宽79厘米，重832.84千克，雄伟庄严，工艺精巧，是高度发达的商朝青铜文化的代表之一。

青铜器诞生记

你可能会疑惑，"青铜时代"那么多的青铜器是怎么铸造出来的？古人有很多方法，如块范法（泥范法）、失蜡法、叠铸法等。在青铜时代，最流行的是块范法。块范法听起来很复杂，其实道理很简单：你把水倒进一个杯子里，然后放进冰箱冷冻；当你把杯子拿出来后，去掉它，就会得到一块杯子形状的冰。块范法和这个原理差不多。

做芯

刮削模的外层，刮削的厚度就是所做青铜器的厚度。

制范

把泥敷在模上，干燥后，取下泥料，这个泥料就是范。

制模

先用黏土做成一个泥模，再在泥模上刻上花纹，然后烧制。

浇注

组装好后，把器物"大头朝下"放好，把青铜液从底部的浇口倒进去，填满范和芯之间的空隙。等到凝固后，打破范和芯，一件青铜器就诞生啦。

组装

把范和芯组装在一起。范和芯之间的空隙，就是未来青铜器的样子。

③ 叠铸法

钱币是怎么造出来的

4000 多年前，古人就开始使用货币了，当时的货币是一些贝壳。到了商朝时，商业逐渐繁盛，采集来的贝壳不够用了，于是，有人仿照贝壳的样子，用青铜做成了铜贝壳。这种金属钱币比贝壳好用，不过当时铸币的模具——范，多为泥范或石范，铸币速度很慢。因此，汉朝时，古人发明了叠铸法，铸出了很多铜币。

你知道吗？

铜钱中心有一个方孔，为什么呢？原来，铸钱时，古人把很多铜钱穿在一根方形棍子上，同时打磨一串铜钱的外圈，方孔使铜钱不会乱转，制作速度又快。

层层叠叠的叠铸法

一下子造出很多钱……真的很令人兴奋呢。那么铜钱是怎么造出来的呢？

这是泥做的范。

烧制后，就是陶范了。

先做范，可以是金属的，也可以是陶的。

马上就要合上啦！

正反面的范都做好后，把它们合在一起。

把许多范都组装在一起，留好浇注口。

不知道是谁想出的涂泥这个法子，太有智慧了。

在范的外面涂一层厚厚的泥巴，使范被固定住，不会轻易移位。

把滚烫的铜液从浇注口灌进去。

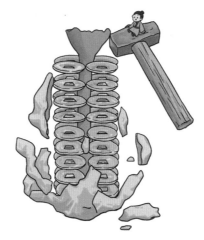

等金属液凝固、冷却后，用锤子把范砸掉……瞧，铜钱就露出来啦！一次铸造了这么多钱币，省时又省力！

至今仍未退隐

今天，青铜钱币已经退出了历史舞台，但叠铸法并未消失。它仍然活跃在小型铸件的批量生产线上。

34 古战车

战场上的撒手锏

夏朝末年（公元前 1600 年），商族首领汤讨伐残暴的夏王桀。汤带领良车 70 乘，勇士 6000 人，突袭夏朝都城。桀仓促应战，最后退守鸣条（今山西省夏县一带）。两军在鸣条决战，当时雷雨交加，汤指挥将士们奋勇向前，夏军溃败。桀被放逐到南巢（今安徽省巢湖市），不久病死，夏朝就此终结，商朝建立。这场著名的大战属于车战，车战的主角就是战车。

战车和车战

车战在夏朝时就开始出现了，每辆战车上都有三个人，中间的士兵负责拉缰绳，驾驶马车前进，是"驭手"；右边的士兵叫"骖（cān）乘"，是助手和护卫，当敌军靠近时，负责用戈或矛进行搏斗；左边的则负责使用弓箭远距离射击，叫"甲首"。

驭手和甲首

战车上的驭手和甲首，必须从小就学习驾驶马车和射箭的本领。"御"和"射"分别是周朝贵族的"六艺"之一。"六艺"还包括礼、乐、书、数。

战车"领队"

在战场上，战车负责"领队"，在前面冲锋陷阵，冲击、打乱敌军的队伍，还能保护"自己人"——后面跟着的步兵。如果是轻型战车，每辆战车后面有22名步兵；如果是重型战车，每辆战车后面有72名步兵。战车编队声势浩大，再配上鼓点，能给敌军造成很大威慑力。

为什么要布阵

战车是一种又大又笨重的战斗车辆，很难转弯，速度也慢，必须与步兵组成严密的阵形，才能发挥最大的战斗力，否则很容易被敌军分割打乱、逐一消灭。

你知道吗？

春秋时期，车战讲究作战速度，一改之前先摆阵形再交战的方式，通常会采用一些出其不意的招数。

青铜装甲

战车也要穿防护服，在两侧装上用青铜制作的护甲，后门两侧也要装上护甲，尽量避免"受伤"。

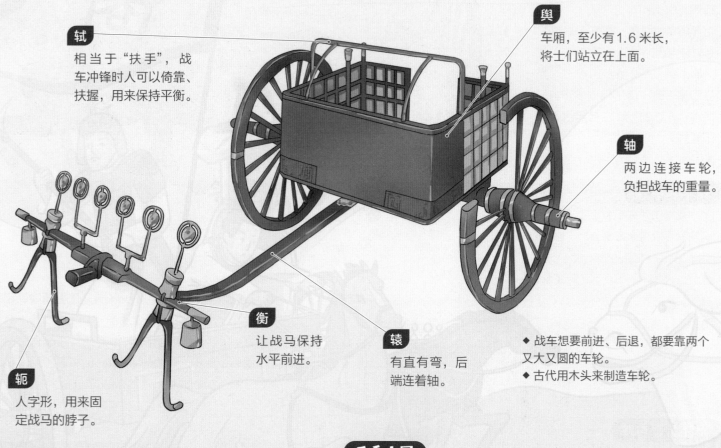

轼

相当于"扶手"，战车冲锋时人可以倚靠、扶握，用来保持平衡。

舆

车厢，至少有 1.6 米长，将士们站立在上面。

轴

两边连接车轮，负担战车的重量。

衡

让战马保持水平前进。

辕

有直有弯，后端连着轴。

轭

人字形，用来固定战马的脖子。

◆ 战车想要前进、后退，都要靠两个又大又圆的车轮。
◆ 古代用木头来造车轮。

◆ 图为河南淮阳马鞍冢（zhǒng）出土的战国晚期战车示意图。
◆ 两侧装有青铜制的护甲 48 块。
◆ 后门两侧装有青铜护甲 32 块。

千乘之国

春秋战国时，一辆战车用 2 匹马拉，车上有 3 个人，其中一人驾车，另外两人拿着兵器作战，车后还有 72 个步兵，这些加起来，就叫一乘。当时，战车是昂贵的军事装备，所以，一个国家军事力量雄厚，往往拥有很多乘战车，千乘之国指的就是这样的国家。

战车的种类

战车大家族中有很多"成员"，来看看你认识哪一个吧。

冲车

也叫撞车，用来撞击城门。

巢车

也叫楼车，像一个小城楼，用来登高侦察敌情。

云梯车

用来攀越城墙攻城，带有防盾、绞车、抓钩等工具。

塞门刀车

守城的战车。一旦城门被攻破，塞门刀车就可以当作活动的城门。

战车"武器库"

战车上携带的武器非常多，比如戈、矛、钺（yuè）、戟（jǐ）、短剑、弓矢（shǐ）、匕首、铜斧等，还有指挥车战用的旌旗、战鼓等。

黯然没落

战车是用木头做成的，车轮也是木头的，只在一些部位装上青铜构件，用来加固和装饰。随着铁兵器和骑兵的发展，不够灵活的战车就逐渐没落了。不过，有一些战车还能用来运输物资，参与攻城。

胸带式系驾法

让马儿舒服地快跑

传说黄帝时代，部落经常搬家，部落成员总是扛着沉重的东西走很远的路，十分辛苦。一天，黄帝在田里干活，风把他的草帽刮走了，草帽在地上骨碌碌地往前滚。黄帝忽然想到，如果做一个架子，装上两个轮子，不就能帮人搬运东西了吗？就这样，他造出了车。也有传说是夏朝奚仲发明了车。奚仲发明了两轮马车，人们用马拉车，运载东西，使搬运东西变得轻松了。

汉朝人怎么系马

古代先有了车，然后有了马拉车，那么，古人是怎么系马，使马好好地拉车的呢？有一种系驾法叫胸带式系驾法，非常科学。古人用一根很宽的皮带（称作当胸），绕过马的前胸，当人拉动缰绳时，马的锁骨和胸骨承担重力，马儿跑起来就会很轻松。这种系驾法在汉朝就有了，是当时世界上最先进的方式，领先西方 1000 年左右。

商周时期，西方采用颈式系驾法。古希腊和古罗马的战车都曾使用过这种系驾法。

另外两种系驾法

其实，在胸带式系驾法之前还有两种系驾法，一种叫颈式系驾法，一种叫轭靷（è yǐn）法。颈式系驾法很原始，就是在马脖子上套一个绳套，带动车子前进。马在奔跑时，会被绳套勒压住气管，呼吸困难，难以奔驰。轭靷法是颈式系驾法的"升级版"，"轭"是指搁在牛、马脖子上的横木，"靷"是一头套在车上一头套在牛、马胸前的绳子。人拉动绳子时，受力点就是轭，而不是马脖子，马不被压迫气管，就能飞快地奔跑了。秦始皇陵出土的 2 号铜车马，用的就是轭靷法。但马终究还是不够轻松，于是，胸带式系驾法问世了，风头最盛。

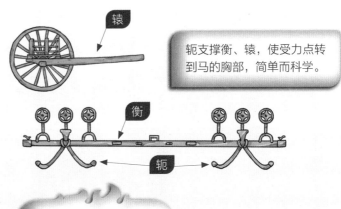

轭支撑衡、辕，使受力点转到马的胸部，简单而科学。

鞍套式系驾法

胸带式系驾法非常先进，一度独领风骚，不过，轭对马的磨伤从未停止过。宋元时期，古人发明了鞍套式系驾法，就是把车辕放平，降低了支点，使马不再被木轭磨伤，还充分利用了马的肩胛两侧，保持行车的稳定，让马更轻松。这种方法一直到现在还在使用。

36 马镫

改变战局的"小玩意儿"

汉武帝（约公元前156年—公元前87年）时，为了抗击强大的匈奴，建立了当时世界上最强大的骑兵军团，共消灭、收降了几十万匈奴人，占匈奴当时总人数的三分之一。其中，漠北之战最为激烈，年轻将领霍去病一直追杀匈奴人到今天的贝加尔湖。当时，汉军还没有马镫，只有布马镫（据说布马镫是从匈奴传过来的），但即便如此，大汉骑兵仍旧所向披靡。

没马镫的"特种兵"

你可能会觉得，汉军没有马镫依旧很厉害，看起来马镫没什么用。是这样吗？让我们一起来回顾一下历史吧。周朝时，已经有了骑兵，但不是什么人都能当骑兵的。只有40岁以下，身高1.7米以上，身强力壮，比一般人敏捷，能骑马快跑，能在马上射箭，能应付前后左右各个方向的人，且能骑马翻越高山，横渡大河，追逐强敌……才能当骑兵。条件苛刻就像如今挑选特种兵一样。

我昨天才过41岁生日……

那也不行。

秦始皇也很"寒碜"

秦始皇横扫天下时也没有马镫，马背上只有一个毡布一样的东西，用好几道绳子固定在马身上，防止骑马时磨屁股。秦始皇能够统一天下，他的骑兵真的非常了不起。

胡服骑射

战国时，赵国经常被胡人骚扰。后来，赵武灵王发现，胡人穿的短袖窄衣很适合在马上作战，而赵国人穿着宽袖长袍上下马很碍事，于是，他号召大家穿胡人衣服，像胡人一样骑马打仗。这就是"胡服骑射"改革。虽然没有马镫可用，但骑兵还是强于步兵，赵国由此成为强国。

没有马镫很尴尬

汉朝骑兵更多，有了重骑兵和轻骑兵。可是，此时仍没有马镫，骑兵上马困难，上马后双腿没有支撑点，只能空悬，只有双腿夹紧马肚子，双手抓紧马鬃，才不会从马上掉下来。这样一来，主动出击的机会就少了。所以，汉军能够大败匈奴，靠的是技能过人、勇猛善战。

单镫闪亮登场

晋朝后，马镫终于出现了。然而，这时的人骑马，脚并不放在马镫里。为什么呢？因为每匹马只配一个马镫，是单镫，专供人踩着上马，上马之后，就把脚拿了出来。

眼神不好还真看不见。

双镫亮相啦

南北朝时，双镫出现了。骑兵的双手得到了解放，无论是搭弓射箭，还是挥刀劈杀，都如鱼得水。加上像样的马鞍也出现了，骑兵在马上能保持很好的平衡。骑兵和马成为一体，渐渐跃升为战场的主角。

你知道吗？

冯素弗是东晋十六国时期北燕皇室成员，他去世时，墓中陪葬了一副马镫，长24.5厘米，宽16.8厘米，里面为木头，外面包裹着鎏金铜片。这是目前世界上出土的最早的双镫实物，价值难以估量。

神奇的三角形

你一定知道，三角形最稳固。那你知道吗，当骑兵坐在马鞍上时，双脚踩踏着马镫，马鞍和两个马镫就构成了一个三角形。这样一来，骑兵在马上就"稳固"了。

骑兵的黄金时代

有了马镫，唐朝时的骑兵就成了主战兵种，唐王朝因此创造了大规模战胜游牧民族的奇迹。

飒露紫

唐太宗李世民有一匹战马，名叫飒露紫。邙山之战中，飒露紫中箭，李世民的部下丘行恭为它拔箭后，它轰然倒下。李世民为纪念他们，刻石塑像，石像上刻有马镫。

中国靴子

据说，在南北朝至隋朝时期，一些柔然（游牧民族）人迁居到欧洲，把中国的很多东西带到了当地，其中就有马镫。后来，西方学者称马镫为"中国靴子"。

骑士精神

有了马镫后，西方的骑士们开始骑马比武，骑士制度和骑士精神得以形成。

影响世界的马镫

小小的马镫让世界沸腾起来，很多国家都开始大规模建立骑兵部队，很多霸主国家因此出现。人类进入骑兵时代。英国科技史学家李约瑟说："中国的马镫帮助欧洲建立了封建制度。"

37 弩

冷兵器之王

传说原始时代，有一个人不忍心看到死去父母的遗体在旷野中被鸟兽蚕食，就做了一只弹弓驱赶鸟兽，人们就此编成一首歌："断竹，续竹，飞土，逐宍。"后来，黄帝把木棍弯曲做成了弓，将树枝削尖做成了箭，人们就用弓箭打猎。到了周朝，楚国琴氏在弓木上加了臂，设置机枢，把弓改进成了威力更大的远射程武器——弩。弩也叫窝弓、十字弓。

你知道吗？

弩是古代的一种冷兵器，强弩的射程可达600米，特大型床弩的射程可达1000米。按张弦的方法不同，可分为臂张弩、踏张弩和腰张弩，还有能数箭齐射的连弩和装有数把弩弓的床弩。

弩的构成

弩由弓发展而来，由弓、弩臂、弓弦、弩机等构成。弩机是一种控制装置，能延时发射。

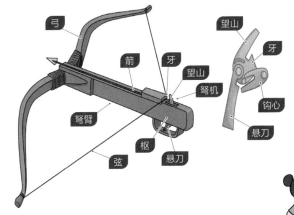

箭道：放箭的沟道，能让箭直线前进。

牙：用来钩住弓弦。

望山：相当于瞄准器，汉弩在望山上画了刻度；当望山、箭端和目标在一条直线上时，能精准地命中目标。

悬刀：发射按钮，扣动它就可以发射，相当于现代手枪上的扳机。

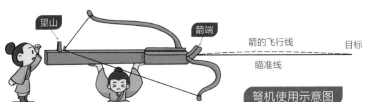

弩机使用示意图

特制的箭

弩使用的箭不是普通的箭，而是有着三棱柱形青铜箭头的箭。箭杆是圆柱形，飞行平稳，杀伤力强。

分组配合

弩的发射很费时，弩手又不方便携带其他武器，所以弩手需要在战友掩护下行动。弩手一般分三组，第一组负责射击，第二组等待发射，第三组张弦。这样轮番替换能保证连续发射，尤其是守城时最管用。

惊人的臂力——擘张

主要靠人的手力和臂力开弓。

手足并用——蹶张

张开强弩要借助蹬力。用脚踩在弩机前面的环上，用全身的力气向后拉弓弦。

前蹬后仰——腰引

人平坐在地上，双脚蹬弩弓，腰上使力，身体后仰，两手拉钩索，能使弦挂在钩上。

三弓床弩

床弩是大型重弩，宋朝三弓床弩是其中的巅峰之作。将三张硬弓固定在木架上，至少30人转动轮轴才能拉开，而三弩的合力才能将一支箭射出，为当时世界射程最远的远程武器。箭长1米多，箭尾有3片铁翎，用来稳定弹道。

38 新莽铜卡尺

游标卡尺的鼻祖

王莽生于西汉末年，他的姑母是太皇太后王政君，他凭借皇亲国戚而官居大司马，执掌军政大权。公元9年，王莽野心暴露，自立为帝，建立新朝，终结了西汉。他派安阳侯王舜去向太皇太后索要玉玺，太皇太后怒骂不绝，将玉玺向地上砸去，玺上的螭（chī）碎了一角。王舜跪伏于地，大惊失色。虽然玉玺残破，但王莽心满意足。当上皇帝后，他立刻着手进行改革，促成了许多发明创造，其中就包括铜卡尺。

青铜卡尺固定尺长13.3厘米，固定卡爪长5.2厘米、宽0.9厘米、厚0.5厘米。因年代久远，尺上的刻度、铭文已难以辨认。它为研究中国古代科学技术史、数学史等提供了实例，弥足珍贵。

令人震惊的"家伙"

王莽篡位称帝后，想要解决测量的问题，于是令人制作了青铜卡尺。铜卡尺由两个一样长的尺子组成，一个尺子是固定的，一个尺子是活动的。活动的尺子镶嵌在固定的尺子上，能来回移动。活动的尺子上还有一个圆形拉手。两个尺子上都有刻度，都有一个L形卡爪。当两个卡爪并拢的时候，两个尺子上的刻度对齐了，就是归零的状态。

固定尺

圆形拉手

活动尺

卡爪

测外径

如果想测量一个小球的外径，可以把小球放在铜卡尺的两个卡爪之间，然后移动活动尺，使两个卡爪卡住小球，再读出固定尺上的数字，就是小球的外径啦。

可以测量小球哦。

测内径

如果想测量一个杯子的内径，就把两个卡爪伸进去，再移动活动尺，直到卡住为止，之后就可以读出固定尺上显示的数字啦。

测深度

如果想测量器物的深度，直接把活动尺伸进器物，然后读出活动尺上的数字就可以啦。

我看看卡好没。

你知道吗？

新莽铜卡尺比现代游标卡尺早"生"了1000多年，二者没有"代沟"，工作原理相同，堪称世界上最早的卡尺。

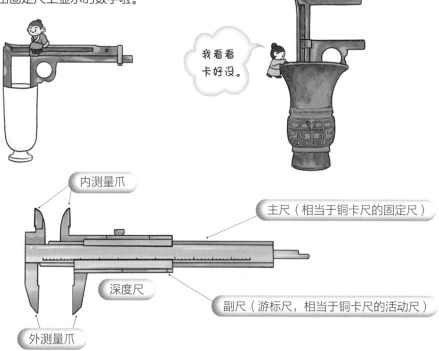

内测量爪

主尺（相当于铜卡尺的固定尺）

深度尺

外测量爪

副尺（游标尺，相当于铜卡尺的活动尺）

39 地动仪

感知地震的"脉搏"

东汉人张衡担任太史令时，有感于地震经常发生（从公元 92 年到公元 125 年的短短 30 多年中，华夏大地共发生了 26 次大地震，百姓死伤无数），给百姓带来灾难，加上远离京城的地方发生地震时，消息要过很久才能传到朝廷，导致朝廷不能及时救援，于是发明出一台地动仪。这是世界上第一台地震仪，比西方用仪器记录地震早了 1700 多年。

等风来

张衡给他的地动仪取的全名是候风地动仪，意思就是，等候风来的地动仪。你可能会疑惑：地震和风有什么关系呢？是这样的，这个风并不是平常你感受到的风，而是地震带来的"风"。这个"风"相当于今天我们所说的地震波。

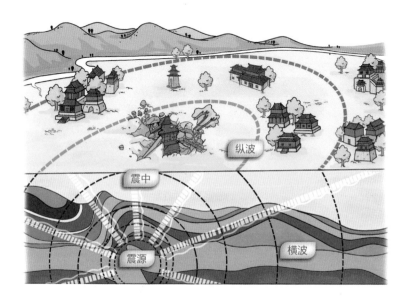

龙和蟾蜍

地动仪是用铜制成的，据推测，外表是圆滚滚的尊的形状，看起来像个"大肚子"的啤酒桶。"大肚子"上有8条金龙，分别代表东、南、西、北、东北、东南、西北、西南8个方向。每一条龙的嘴里含着一颗铜珠，每条龙的下面蹲着一只蟾蜍，仰着头，张着大嘴，"羡慕"地望着龙嘴里的铜珠，十分有趣。

地动仪想象图

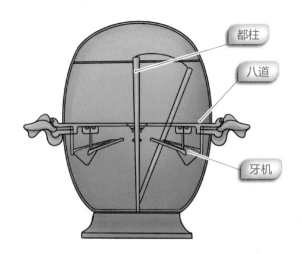

都柱

八道

牙机

地动仪的"心脏"

地动仪并不是"内心"空空，而是"藏"着很多东西。中间是一根铜柱，名叫都柱，上面粗，下面细。铜柱周围有8根横杆，叫作八道，每道都通过牙机和一个龙头连在一起。牙机就是枢纽装置，巧妙地"隐身"在尊中，整个机械装置十分严密。

地动仪怎么工作

地动仪制造得如此精美，堪称古代发明里的"偶像派"，同时它也是一个"实力派"。有学者推测，地动仪内部的都柱重心很高，一旦发生地震，都柱就会失去平衡，倒在八道中的一道上，带动牙机运动，牙机则推动龙头，使龙的上颌抬起，龙嘴巴里的铜珠滚出来，落到下面一直仰望的蟾蜍嘴里。这时候，只要看蟾蜍是在哪个位置，就能判断是哪个方向发生地震了。

还有一种分析

还有一些学者分析：张衡制作地动仪时，可能利用了力学上的惯性原理，都柱起到惯性摆的作用。当地震的冲击波来袭时，都柱受到惯性的影响，会把下面的青铜球推向与冲击波相反的方向，青铜球顺着滑道撞击杠杆，杠杆带动龙嘴张开，龙嘴中的球就掉落到蟾蜍口中了。

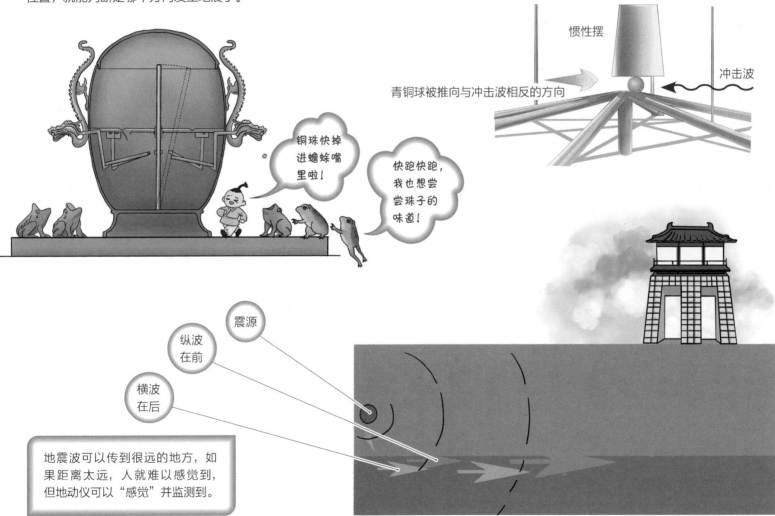

铜珠快掉进蟾蜍嘴里啦！

快跑快跑，我也想尝尝珠子的味道！

惯性摆

青铜球被推向与冲击波相反的方向

冲击波

震源

纵波在前

横波在后

地震波可以传到很远的地方，如果距离太远，人就难以感觉到，但地动仪可以"感觉"并监测到。

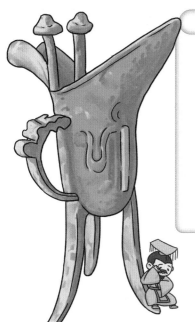

罪己诏

汉朝人认为，如果人间失德，上天会通过地震这样的灾祸向人们发出警告。所以当地震发生之后，皇帝为了安定民心，维护自己的统治，会下发一道诏书，名叫"罪己诏"，反思和谴责自己工作不力，犯了过失。

龙头动了

汉顺帝时，有一年，张衡发明的地动仪上，有一个龙头突然动了，铜珠掉进下面那只蟾蜍的嘴里。可是首都洛阳却毫无震感。大家议论纷纷，说地动仪就是一个摆设。没想到，几天后，距洛阳1000多里（约600千米）的甘肃天水，有人急报当地发生地震，时间就是龙吐铜珠的时间，方位也没错，大家这才服气。

我早就告诉过你了。

地震了！真的地震了！

看来这个仪器很靠谱。

听说，我的老朋友龙又出风头了，我来瞧瞧……

我可是地动仪上的大佬！

我可是地动仪上最靓的！

你知道吗？

日常生活中，当看到闪电的时候，你立刻就知道要打雷了。其实，这个时候，打雷已经发生过了，只不过声音的传播速度比光慢，所以，看到闪电的时候你还没有听到雷声。地动仪也是这样，当龙嘴里的铜珠掉进蟾蜍嘴里时，地震已经发生过了。所以，地动仪只能记录已经发生过的地震，并告知地震的方位。至于地震时间、震级等，它没法监测出来，更不能预报地震。

40 造纸术

把麻布、树皮变成纸

漂絮

剥离纤维薄片

战国时期，一些人注意到，在养蚕抽丝后，一些残丝败絮会留在篾席上，慢慢地积成一层纤维薄片。于是人们把它晒干，从篾席上剥下来，在上面写字。古人称其为"方絮"，这就是纸的雏形。西汉时期，造纸术已经发明，东汉时期有了改进。东汉时，蔡伦在京师任尚方令期间，创造了以树皮、麻头、破布、旧渔网为原料的造纸术。造纸术是中国古代四大发明之一。

了不起的蔡伦

西汉时，麻纸出现了。这是用破旧的麻布造出的纸，比方絮要好多了。不过麻纸粗糙，也不太适合书写。东汉时，监管造办宫中器物的宦官蔡伦（公元61年或63年—121年）有了新发明。他在麻纸制作的基础上，加入楮树皮，改进了造纸流程，让韧皮纤维分布得更均匀，就这样造出了又便宜又柔韧的纸。麻纸因此被渐渐冷落了。

黄麻纸

小虫子也"爱"纸哦，经常把纸蛀出洞洞来。东晋时，医药学家葛洪发明了一个妙招：把麻纸放进黄檗（bò）汁中浸泡，黄檗皮中含有生物碱，可以杀虫防蛀。这可是中国第一种染色纸哦。

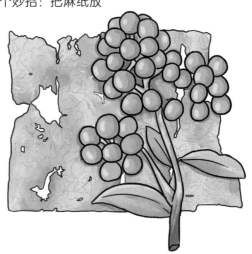

藤皮纸

用杨桃果藤的皮也能造纸，唐朝人很喜欢用这种纸。这种藤皮纸不光用于书写、绘画，它还有很多"兼职"，比如包茶叶，使茶叶的香气不会消散。

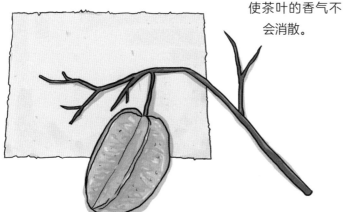

竹 纸

用竹子来造纸显得很有诗意。竹笋拱出来之后，古人就会密切关注它的生长，一见它长出了竹叶，就取用造纸了。毛竹、苦竹、慈竹等都能造纸。

造纸开始啦，不要错过哦。

切碎，清洗

取来树皮、旧渔网和麻布等，切碎后，清洗干净。这就是造纸的原料。

如果用竹子造纸，古人一般会在芒种前后上山砍竹；之后，就地挖水塘，把截断的竹子在水里浸泡 100 天左右；把竹子取出来后，还要用力捶洗，脱去青壳和皮，让竹子软化。

浸灰水，蒸煮

在水中放入碱性的草木灰，再把造纸原料浸泡进去，之后还要蒸煮原料。这两个步骤既能把原料中的树胶、树脂等杂质清除出去，也能防止脱色。有时候，这两个步骤要反复进行，以便原料中的植物纤维逐渐分解。

舂捣

蒸煮原料后，纤维和纤维之间还是不能很好地贴合，这时如果急于造纸，纸就会很粗糙，也不结实，所以，还要舂捣，使纤维起毛、分叉，彼此更加贴合。纤维会产生胶黏剂，并吸入水分，使造出的纸光滑结实，有弹性。

打浆

把原料放入水中，搅拌均匀。这种植物纤维和水的混合物就是纸浆。

抄纸

把网或席子或细竹帘放入纸浆中，再轻轻捞出来，上面就会留下一些纤维，就是一层薄片——湿纸膜。

抄纸的技巧

在整个造纸过程中，抄纸是最费力的。抄纸的工匠要站着重复舀水、抬起的动作，十分劳累。抄纸是技术含量最高的活，抄得轻，纸会薄，抄得重，纸又会厚，完全靠工匠出神入化的手法。

晒纸，揭纸

把帘子上的湿纸膜倒在木板上，一次又一次后就堆叠起一层层的纸页了；再用重物挤压，排出水分，就形成一张张的纸了。这时，还需要把纸彻底焙干，等纸干燥后，揭下来就可以使用了。

你知道吗？

在古代，以这种技术造纸，一天一个工匠只能造出300~500张纸，所以，纸非常珍贵。

41 铁的冶炼

从一块陨石开始

商朝（公元前 1600 年—公元前 1046 年）时，有人捡到一种"天石"，发现它们格外坚硬，便用炼铜的方法炼制，由此发明出铁兵器、铁农具等。而"天石"就是陨石。不过，陨石并不是天天都能捡到，于是，古人开始寻找、开采铁矿。铁器比铜器更实用，它们的使用促进了农耕文明的发展。到战国时，青铜器已经被冷落了。

神奇的变化

炼铁是一个神奇的过程：先把含铁的矿石放在炼炉里，然后加入木炭，燃烧加热；之后氧化铁就还原成了纯铁。你看，这个过程是不是很有趣？

铁矿石　　　木炭　　　铁

熟 铁

如果炼铁炉比较低矮，温度也低，炼出来的铁多孔洞，称为海绵铁，也叫块炼铁。在块炼铁里加入草木灰，反复锻打，就像揉面一样，把杂质排出来，就是熟铁了。熟铁就是生铁精炼而成的纯铁。

都是"硬汉"

生铁和熟铁都很硬，从"钢筋铁骨""铁骨铮铮"等成语就知道了。但生铁比熟铁更硬，也容易折断；熟铁则容易变形。

生 铁

生铁可不是指没有冶炼过的铁，而是在高大炼铁炉里的高温下冶炼出来的含碳量在2%~6.69%的铁合金。

南宋铁炮复原图

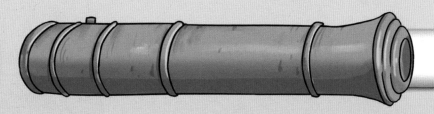

南宋铁炮长达数米，有的重几百千克，有的重几千千克，均由生铁铸成。

百炼钢

生铁和熟铁都有缺点，这可怎么办？有没有使铁既柔韧又坚硬的方法呢？古人想到了一个绝招：把熟铁反复加热、锻打，以排除其中的杂质；每锻打一次，都要称重，直到重量没有变化后，才算成功。在重复炼制100多次后，古人就炼出了钢。

灌 钢

东汉人也有一大发明：把生铁放在熟铁上，"组团"冶炼，高碳量的生铁汁浇到低碳量的熟铁上，融合后锻打也能得到钢。这种"浇汁"出来的钢，就是现代的高碳钢。

炒 钢

西汉人有一大发明。他们把生铁加热，让它融化，并不停地搅拌。这种搅拌就像翻炒一样。搅拌时，空气中的氧会把生铁中的碳氧化去掉一些，由此就得到了钢。

就像在蛋糕上淋巧克力

想让锄头、铲子变得更耐磨、更锋利，古人就用擦渗的方法：在熟铁上擦或淋一层生铁汁，就像在蛋糕上淋一层巧克力一样。

百辟刀

三国时，曹操让人用百炼钢的方法制作了5把刀，3年后，刀始成。曹操把刀命名为"百辟刀"，意思是妖魔鬼怪见了此刀都会避开。他的儿子曹植还专门写了一篇《宝刀赋》，描写炼制时的情景。

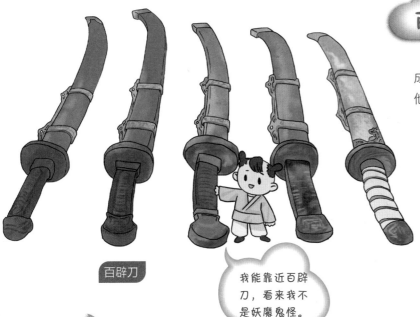

百辟刀

我能靠近百辟刀，看来我不是妖魔鬼怪。

淬火这件事儿

铁器打造好后，浸入水中，就会变得更锋利、更坚硬，这叫"淬火"。三国时，一个叫蒲元的人给诸葛亮打造了3000把刀。蒲元因嫌陕西的水"钝弱"，让人去成都取"爽烈"的水，给刀淬火，这样，刀变得锋利无比。

尿和油

北齐时，綦毋（qí wú）怀文用灌钢法造出了宿铁刀。他的淬火方式十分独特，别人用水淬火，他用动物的尿和油淬火。尿中含有盐分，比水冷却快，淬火后，钢更加坚硬。动物的油冷却得慢，但却能避免因为淬火而产生裂纹，使钢更加柔韧。

钢针的秘密

古人是怎么制作钢针的呢？先把针放进锅里加热，相当于现代的退火；再用泥、木炭、豆豉把针密封，只露两三根在外面；继续加热，当插在外面的这几根针可以捻成粉末时，打开密封，进行淬火，钢针就制好啦。这个过程叫渗碳。

为了造一把宿铁刀，我几乎绞尽脑汁。

我也付出了很多……

宿铁刀

你知道吗？

春秋战国时，中国已经普遍使用铁器。在农业和手工业中，铁工具逐渐替代铜工具，促进了生产生活的发展。铁器的出现使人类历史产生了划时代的进步。

42 风箱

简单实用的发明

风会让火燃烧得更旺盛，古人很早就发现了，鼓风器的发明就是利用了这一点。战国（公元前475年—公元前221年）时，古人已经开始使用橐，汉朝时，又发明了水排，到了唐宋时期，风箱问世了。这是一种能利用风力的木箱子，有的是方形，有的像个桶，里面有活塞板，还配有拉杆，推拉就可以鼓风了。这就是双动式活塞风箱，也叫双作用活塞式风箱。

古老的木扇

随着木工技术的进步，鼓风器迎来了木质时代。有人发明了木扇，可以给冶炼炉鼓风。

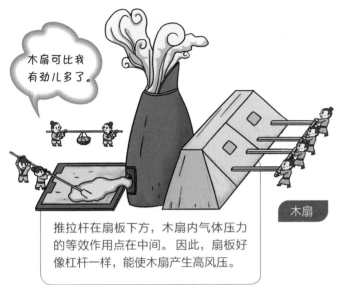

木扇可比我有劲儿多了。

木扇

推拉杆在扇板下方，木扇内气体压力的等效作用点在中间。因此，扇板好像杠杆一样，能使木扇产生高风压。

听说这个不起眼的家伙能变出风。

那当然，这家伙的本事可大了！

双作用活塞式风箱

"拉风"的风箱

唐宋时，人们发明了双作用活塞式风箱。这可真是一个奇妙的天才发明，既简单，又实用。在风箱的两端各有一个进风口，如果将拉杆拉出，空气就从远处被吸进风箱；如果将拉杆往里推，空气又从旁边被吸进来。也就是说，无论推拉，都能鼓风，真的是很"拉风"啊。

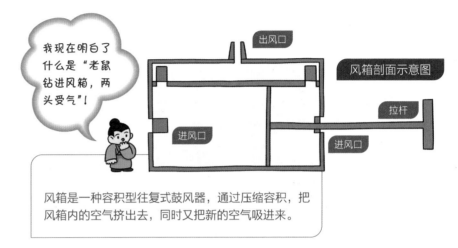

我现在明白了什么是"老鼠钻进风箱，两头受气"！

出风口

风箱剖面示意图

拉杆

进风口

进风口

风箱是一种容积型往复式鼓风器，通过压缩容积，把风箱内的空气挤出去，同时又把新的空气吸进来。

你知道吗？

双作用活塞式风箱可以连续鼓风，使中国的冶金技术在长达几百年的时间里在世界上位居前列。双作用活塞式风箱是科技史上的一个重大进步。16世纪（中国明朝时），欧洲人才发明了类似的双动往复式水泵，为活塞式机械开辟了道路。

不老的"明星"

双作用活塞式风箱效率高，操作简单，制作也简单，深受古人喜爱。直到明清时期，它和木扇都是冶铸业的"明星"。今天，在一些乡村家庭中，它还被用于炉灶鼓风。

43 水排

利用水力来鼓风

公元 31 年，汉朝官员杜诗（公元？—38年）担任南阳太守。他善于发明，为了帮助百姓冶炼农具，他专门制造了水排：利用水力鼓风，使皮囊开开合合，把空气送入冶铁炉中，增加氧含量，使火越烧越旺，提高了冶铁的效率。这项技术比欧洲早了 1000 多年。

橐

鼓风器的"老祖宗"

其实，在水排发明之前，古人已经拥有多种鼓风器。远古时期，有的原始人会用竹管给火堆吹风，让火燃烧得更旺。春秋战国时，古人发明了橐（tuó）。这是世界上最早的鼓风器，也叫橐龠（yuè）。使用时，拉动皮囊，让空气进入橐中；压缩皮囊，让囊内的空气进入输风管，进入冶炼炉，使炉内氧气更充足，炉火更旺，温度更高。中国由此进入了辉煌的铁器时代。

原来是一个风口袋

橐是一种用牛皮制成的风袋。龠本来是一种吹管乐器，后来借喻为输风管。

老子的比喻

《道德经》中有一句："天地之间，其犹橐龠乎？虚而不屈，动而愈出。"意思是，天地之间就像一个风箱，内部空空无物，作用却无穷无尽，一旦启动，就会生生不息。

水排是用水力鼓风炼铁，其中应用了齿轮和连杆结构。

水排

人排、马排、水排

一座冶炼炉可用好几个橐。由于橐是"排排站"的，所以叫排囊、排橐。用人力鼓动的，叫人排；用畜力鼓动的，叫马排；用水力鼓动的，叫水排。水排一定要放在湍急的河流边才能起作用哦。

❶ 水流冲击下卧轮；
❷ 上卧轮被下卧轮带动旋转；
❸ 鼓形小轮被带动旋转；
❹ 曲柄连杆被带动旋转；
❺ 连杆被带动，反复运动；
❻ 直木被带动，反复运动；
❼ 橐的门被带动，一张一合，开始鼓风。

44 铁浮屠
传说中的超级铁甲

宋朝的时候，周边有许多少数民族部落，其中有一个游牧民族为女真。女真各个部落统一后，建立了金朝（公元1115年—1234年）。金朝的骑兵骁勇善战，时常侵扰宋朝边境，烧杀劫掠。金朝大将完颜宗弼为了实现吞并宋朝的野心，组建了特殊的骑兵部队，其中一支叫拐子马，另一支叫铁浮屠。铁浮屠既指穿铁甲的骑兵，也指骑兵穿的铁甲。

拐子马是轻骑兵，穿普通盔甲，以射箭为主，作战时一般采用两翼包抄的战术。铁浮屠是重装骑兵，人和战马都穿盔甲，一般采用列阵中间突破战术。

铁浮屠中的"浮屠"二字，是梵文"塔"的发音，铁浮屠就是"铁塔"的意思。全副武装的骑兵和马看起来就像一个个移动的铁塔。

就差眼睛没武装

铁浮屠堪称铜墙铁壁，士兵和马都穿着又厚又重的铁甲。士兵头上还戴着一种"蛾眉盔"，头盔上有一圈护颈，将脑袋和脖子都罩起来，连嘴巴都看不见，只露出眼睛，防护得几乎"密不透风"，刀、矛、弓箭很难对其造成伤害。铁浮屠在当时几乎所向披靡。

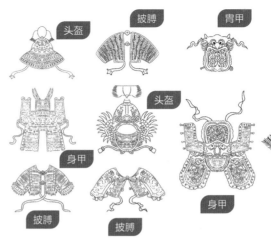

头盔

披膊

胄甲

头盔

身甲

身甲

披膊

披膊

步人甲

铁浮屠铁甲的甲片有将近 *2000* 片，重量接近 *30* 千克，必须身强力壮的人和坐骑才能穿戴。宋朝的步人甲也是重型铠甲，一共有 *1825* 片甲片，重达 *29* 千克。

冷锻出来的铠甲

金朝人是怎么制作出铁浮屠铠甲的呢？他们使用了特殊工艺——冷锻造。"冷"就是锻造时不用火加热，直接锤打甲片，一直打到甲片厚度减少三分之二，变得轻薄时为止。因此，这种铠甲又叫"冷锻甲"，极为精密、坚硬、有韧性，防护力大增。

面帘

搭后

鸡颈

当胸

身甲

"鬼魅"铁浮屠

金军的骑兵阵形是以 50 人为一队，前面 20 人是重骑兵铁浮屠，士兵手拿重马枪和铁骨朵；后面 30 人是轻骑兵拐子马，身穿轻甲，手持弓箭。铁浮屠冲锋在前，拐子马从左右包抄，这些"鬼魅"一般的金军出现时，宋军几乎无力抵抗。但随着交战次数增多，岳飞等抗金将领研究出了对付铁浮屠的办法。岳飞专门训练了一支精锐步兵，发明出一种新兵器麻扎刀（钩镰枪），专攻铁浮屠暴露在外的马腿。在公元 1140 年的郾（yǎn）城之战中，岳家军以少胜多，消灭了最后一支铁浮屠。

麻扎刀

你知道吗？

铁浮屠铠甲到底是什么样子，现在并不确定。考古人员只发现了一些铠甲的碎片，现在见到的铁浮屠铠甲均为复原品。

45 火药

影响世界的发明

古时候，很多帝王都梦想长生不老，一些方士为了迎合帝王，开始研制丹药。有一次，一位道士在炼丹时，把硝石、硫黄和木炭混合在一起，结果伴随着巨大的轰隆声，丹炉爆炸了。人们把这三种材料的配方叫"着火的药"。这就是火药的前身。

硫黄

硝石

木炭

你知道吗？

火药是中国古代四大发明之一。唐朝时，炼丹家已经发明了火药。火药是可由火花、火焰等引起剧烈燃烧的药剂。

爆炸是怎么发生的

硫黄、砒霜都含有毒性，不能直接用在丹药里，需要烧灼一下，让其毒性降低或消失。道士会把硝石、硫黄研成粉末，放在砂罐或锅里，然后把点燃的皂角放入，使硫黄、硝石起火，再用木炭粉来炒。硝石、硫黄和木炭都容易燃烧，燃烧时会释放高热和大量的气体，如果是在密闭的空间里，就非常容易发生爆炸了。

皂角

硝石

硫黄

木炭

《真元妙道要略》成书于唐朝末年和五代十国时期，书中提到了火药爆炸的威力：当把硫黄、雄黄、硝石和蜜一起燃烧时，火焰腾起，房屋和人的手、脸都被烧着了。

美丽的烟花爆竹

火药被发明后，最初用于制作烟花爆竹，在表演杂技或魔术时使用，让节目更加神秘、好看。

你知道吗？

火药也应用于日常生活以及水利工程、矿山开采等方面。

飞火来了

唐朝末年，唐军进攻豫章（今江西省南昌市）时，发射"飞火"，引发大火，唐军趁机攻入城内。当时火药已经用于战争中了。

火药作

"火药"一词第一次出现，还是在宋仁宗年间。这一年，北宋都城汴京的武器作坊中有专门生产火药的"火药作"。

火药"西行"

13世纪时，蒙古军西征，把火药技术带到阿拉伯。阿拉伯人在14世纪时把火器传到欧洲。由于点火后火药能迅速爆炸，生成黑色烟焰，西方称之为"黑火药"。

最早的军用火药配方

《武经总要》是中国第一部由官方主持编修的军事教科书，由北宋天章阁待制曾公亮（公元999年—1078年）和工部侍郎、参知政事丁度（公元990年—1053年）等人，花费5年时间编撰而成，宋仁宗亲自审读、写序。书中记载了3个火药配方：毒药烟球方、火炮火药方、蒺藜（jí lí）火球方。这是世界上最早的军用火药配方。

你知道吗？

火药来自炼丹，所以一度被当成药物。《本草纲目》中记录到，火药能治疮癣，能杀虫、碎湿气、除瘟疫。

宋朝火器大盘点

宋朝人利用火药发明了很多火器，朝廷还实行了"军械监造"。

霹雳火球

内装火药，点燃中间的引子后，投向敌人，类似于今天的手榴弹。

火箭

在箭杆上绑上火药筒，点燃后，火药燃烧爆炸，喷出气体，反作用力推动箭镞（zú）发射出去。

突火枪和火铳

早在宋朝时，就出现了突火枪，枪膛是竹筒，"子弹"是火药和碎瓷片、碎铁片、石子等。到了明朝，古人把竹筒变成金属筒，发明了火铳（chòng）。

突火枪　　　　　火铳

火蒺藜

外形像海胆，浑身尖刺，内装火药，有的还装着小铁块和碎片，以增强杀伤力。

震天雷

点燃后投掷，是手雷的雏形。

投石机

毒药烟球

内装火药、狼毒、巴豆、砒霜等毒药，用投石机抛到敌方阵地，烟球爆炸后，毒气四散，敌人闻到就会中毒。

46 火箭

"着火"的箭

"火箭"一词在三国时期就出现了。公元228年，诸葛亮指挥蜀军进攻陈仓，魏国守将郝昭将易燃物捆绑在箭杆上，点燃后，发射出去，引发大火，焚烧了蜀军攻城的云梯，使云梯上的蜀兵死伤惨重。就这样，郝昭用区区1000人的兵力就击退了诸葛亮的3万人马。他使用的火箭也叫作纵火箭，就是一种能放火的箭。

最早的"火箭"

三国时的火箭并不是现在飞入太空的火箭,而是箭头上有可燃物的箭。箭头上捆绑的易燃物一般是浸泡过油脂的麻布,以便实施火攻。

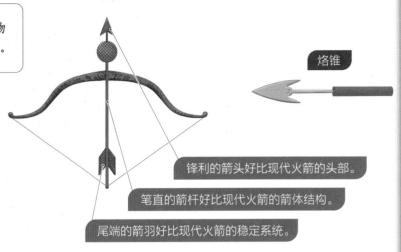

烙锥

火药箭

北宋时,有人试着将火药包绑在箭上,做出了最早的"火药箭"。不过,这种火药箭依然是纵火箭,要靠弓弦来发射。火药箭没有火捻,宋朝人专门制造出一种烙锥,将烙锥烧得通红发烫,扎入火药包中烙烫,以此引燃火药。

锋利的箭头好比现代火箭的头部。

笔直的箭杆好比现代火箭的箭体结构。

尾端的箭羽好比现代火箭的稳定系统。

火药筒诞生了

在很长一段时间内,宋朝人都将火药用在烟花、杂技中,作为一种娱乐工具。等到南宋时,有人受到烟花爆竹的启发,把火药筒(火药筒相当于一个推进系统)绑在箭上,点燃火药,箭就可以直接发射出去了。这是利用作用力与反作用力原理工作的火箭,以固体火药为发射剂,与今天的火箭发射原理相似。

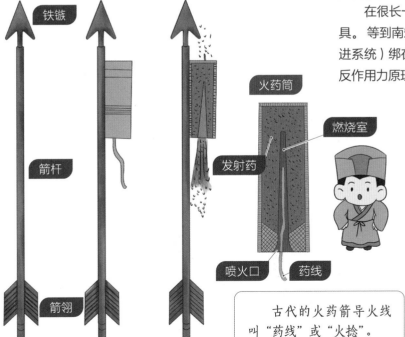

铁镞

箭杆

箭翎

火药筒

燃烧室

发射药

喷火口　药线

古代的火药箭导火线叫"药线"或"火捻"。

发射原理

左图为宋军用于实战的火箭,名叫霹雳炮,相当于大型的"二踢脚"爆竹。它的发射原理是:在纸质火药筒下部装发射药,上部装爆药,二者用药线相连;点燃药线后,火药筒向下喷出火焰和气流,产生反作用力,使火箭升空;发射药用光后,引燃爆药,火药筒就被炸开了。霹雳炮可以在空中爆炸,也可以在水面上爆炸。

火箭西行

南宋末年，火箭随着蒙古军队的西征，经过阿拉伯，传到了欧洲，为世界科技发展做出了巨大的贡献。

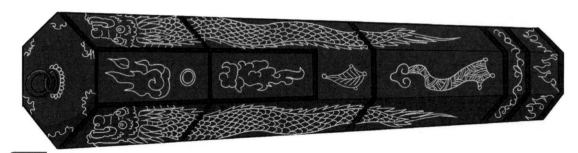

箭筒

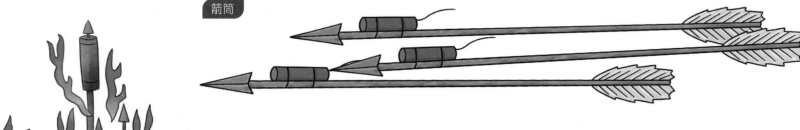

明朝火器大盘点

明朝建立了神机营，这是专门掌管火器的部队，也是世界上最早的火器部队。神机营的火器对火药的使用更加充分。

双飞火龙箭

这是一种多发齐射火箭。用竹子制成圆筒，筒里两端各藏多枚火箭，点燃导火线后，火箭能同时向相反的两个方向射出，射伤敌人，也能用来守城，是明军装备的火器之一。

双飞火龙箭

"三飞箭"

戚继光在东南沿海抗击倭寇时，他和手下制造出了飞刀箭、飞枪箭、飞剑箭三种喷气火箭，这就是"三飞箭"。这三种火箭是用坚硬的荆木做成的，箭镞分别做成刀、枪、剑的形状，非常锋利。在箭镞后绑上长20多厘米、粗约7厘米的火药筒。

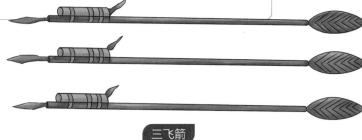

三飞箭

"一窝蜂"

一次可发射32支火箭的火器（火药里还掺杂着毒药、辣椒等东西），是现代多管火箭炮的老祖宗。

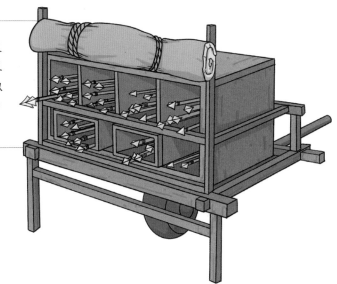

神火飞鸦

这是世界上第一个多火药筒并联火箭，和现代的大型捆绑式运载火箭的工作原理相近。

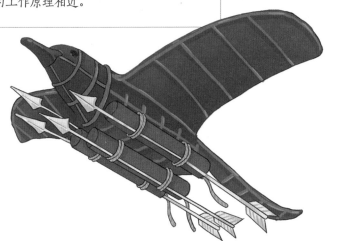

你知道吗？

万户是明朝人，据说他坐在一把椅子上，椅子上绑着47个火箭，他手举2只大风筝，想借助火箭的推力进入太空。火箭点燃后，很快爆炸，万户不幸遇难。为纪念他，月球上的一座环形山以他的名字命名。

47 指南针

追逐磁力的小钢针

战国时期，古人在探寻铁矿的时候，常常会遇到磁铁矿，磁铁矿里的磁石吸引了他们的注意。渐渐地，他们对磁现象有了一些认识，并用天然磁石磨制成了早期的简单的指南工具。那么，这些天然磁石来自哪里呢？根据典籍记载，多出于武安磁山（今河北省武安市磁山村一带）。今天，磁山被认为是指南针的发源地。

慈母一样的磁石

5000多年前，古人偶然发现了一种奇怪的石头，只要铁器一靠近，就会被这种石头紧紧吸住，就像慈祥的妈妈舍不得孩子离开一样。于是，古人称这种石头为磁石或磁铁。古人还发现，两块磁石能互相吸引和排斥，根据这种原理，古人开始研究指南工具。

四大发明之一

指南针古代叫司南。战国时期，古代劳动人民已经发现磁石指南北的特性，从而制造了司南。指南针是中国古代四大发明之一，主要组成部分是一根装在轴上的磁针，磁针在天然地磁场的作用下可以自由转动，磁针的南极会指向地理南极，利用这一性能可以辨别方向。

清青花水浮司南

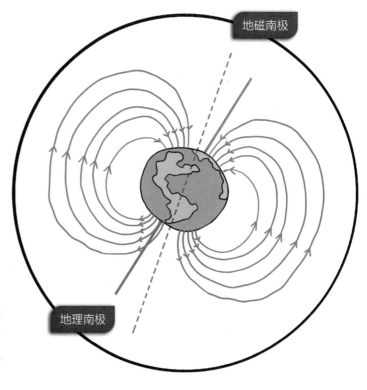

地磁南极

地理南极

指南针是怎么指南的

地球有一个巨大的磁场，靠近北极的磁性为 S 极，靠近南极的磁性为 N 极。地球的两极和地磁场是相反的，根据天然磁石和地磁场异种磁极互相吸引的缘故，所以，把磁铁放在地球上除南北磁极点以外的地方，它的 N 极都会指向地磁场的南极，S 极则指向地磁场的北极。

奇妙的指南工具

司南

　　司南就是负责指南的意思。战国人用磁石做出一个勺子，放在一个刻着方位的盘子上，不管怎么拨动勺柄，当勺子停下来后，勺柄始终都指向南方。

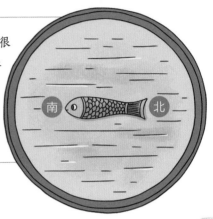

指南鱼

　　指南鱼是一块很薄的钢片，外形像一条鱼，给它人工磁化后，放在水面上，鱼头就会指南了。

罗盘

　　罗盘由天池、内盘、外盘"三大件"组成，可以确定方向。

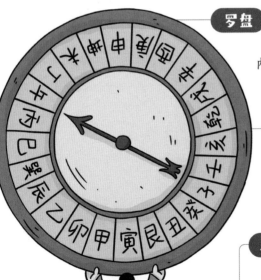

怎么人工磁化

　　至少在北宋时期就有了人工磁化。古人用天然磁石摩擦钢针，使钢针磁化，钢针就是正式的指南针了。

人工磁化是怎么回事

　　任何一种金属因为电子自旋都会产生微弱的电流，所以每个金属微粒都是一个小磁体。在自然状态下，微粒的运动轨迹很乱，抵消了相互的磁性。人工磁化后，微粒排布整齐，两端就形成了磁极。

天然磁体

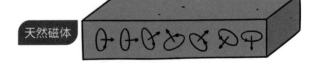

人工磁体

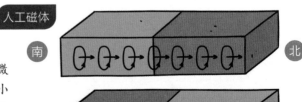

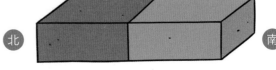

水浮法

在磁针上穿上几根灯芯草，放在水面上。最早的水罗盘就是这个样子。

南　北

指南针有多少种用法

指南针的用法非常有趣，你一定想不出来，看看北宋科学家沈括（公元1031年—1095年）在《梦溪笔谈》中的记录吧。

直接旋定法

可以直接把磁针放在指甲上。指甲很光滑，磁针旋转自如，不过也很容易掉下来哟。

碗唇旋定法

把磁针放在碗的边沿，也可以指示方向哦。

南　北

南　北

一根小针的本事

小小的指南针促进了海洋文明的发展。明朝时，郑和下西洋，一路上都用指南针定位。早在宋朝时，指南针就传到西方，哥伦布发现新大陆、麦哲伦环球航行，都是用指南针保驾护航。

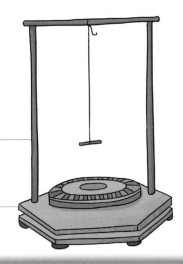

缕悬法

用丝线把磁针悬挂起来，磁针就能灵活而稳定地转动啦。

黄帝

周公

魏明帝

马钧

相传5000多年前黄帝造出了指南车，到了周朝，周公也造出了指南车，但都没有流传下来，没有人知道它是什么样子。魏晋时期，马钧想建造指南车，很多大臣质疑他，在魏明帝曹叡面前与他激烈争论，说古代传说不可信，指南车不一定存在。他们对马钧冷嘲热讽，但马钧毫不退缩，魏明帝于是命他造指南车。马钧苦苦钻研，反复试验，最终制成了指南车。

48 指南车

古代的"导航仪"

古代，指南车的制造技术一直被朝廷垄断，是国家的最高机密之一。一旦国破城亡，前朝亡国君主通常会下令将指南车制造技术秘密销毁，避免让这项技术落入他人手中。

你知道吗？

虽然叫"指南车"，但指南车却并不能像指南针那样直指地理南极。如果将指南车的初始方向设成北方，那无论怎么改变指南车的方向，车上的木人始终指向北方，所以使用前一定要校对小人指向正南方，不然就会离目的地越来越远。

指南车和指南针不一样

有没有想过，古人明明都有指南针了，为什么还要发明指南车呢？这是因为指南车和指南针完全是两种东西。指南针利用地球磁场指示南北方向，指南车则是一套利用齿轮传动指示方向的机械设备。

齿轮就像轮子带有一圈"牙齿"。如果将一大一小两个齿轮连接在一起，拨动大齿轮，小齿轮会在大齿轮的带动下转得比大齿轮快，达到加速的目的；而用小齿轮带动大齿轮，就能达到减速的目的。

两个齿轮的转动方向竟然是相反的！

燕肃的指南车

宋朝时，一个叫燕肃（公元961年—1040年）的人做出一辆指南车，还留下了内部结构的记载。现在看到的指南车就是以它为原型复制的。（燕肃还研究了潮汐涨落原理，本套书第三册57页有介绍）

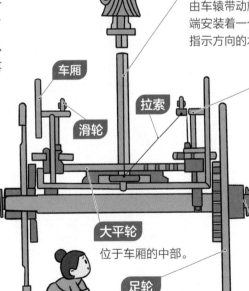

轴
由车辕带动旋转，顶端安装着一个伸着手指示方向的木人。

车厢

滑轮

拉索

小平轮
靠近车轮的两边，可以上下滑动。指南车向前直行时，拉索会把它悬吊起来，使木人的指向不会发生变化。

大平轮
位于车厢的中部。

足轮
使指南车在地上行驶的车轮。

车辕
指南车的方向杆，用来调整指南车的前进方向。

49 雕版印刷术
刻在板子上的智慧

书店

将一张纸盖在一块石碑上，再用颜料涂抹，石碑上的字就印在纸上了。这就是拓印。印刷术的发明就来源于拓印和印章。

拓印

纸发明出来之后，书都是手抄本，但是抄一本书要花费很长的时间，还耗费体力，也容易抄错或者漏抄，知识的传播非常缓慢。唐朝（公元618年—907年）时，有人从印章、石碑拓（tà）片上得到灵感，发明了雕版印刷术，实现了批量印书。

雕版印刷术

如果你明白了拓印的原理，那就知道雕版印刷是怎么回事了，快来看看吧。

在一块木板上，把文字反着刻上去，文字要凸起来哦。

开始印刷啦！给木板的字涂满墨汁。

把白纸盖在木板上，用干净的刷子在纸上轻轻刷动。

用什么制版

雕版印刷术是在版料上雕刻图文，再进行印刷。古人用什么制版呢？一般用枣树、梨树等。因为枣树和梨树等木质坚实、细密，印刻效果比较好。

揭掉白纸，嘿，印好啦！

把印出来的每一页纸装订在一起，就是一本书啦。

被盗走的《金刚经》

世界上最有名的雕版印刷品是唐朝的《金刚经》，刻印于公元868年。1900年敦煌藏经洞被发现，里面就有《金刚经》。1907年，英籍匈牙利人斯坦因将《金刚经》盗走，现藏于英国伦敦的大英博物馆。

50 活字印刷术

印刷史上的技术革命

比起用手抄书，雕版印刷术真是太方便了。可是，它也有不如意的地方，制版时，需要一页一页雕刻，如果一不小心刻错了字，一块雕版就作废了，还得重刻。另外，一块块的雕版也不好保存。北宋时，一个叫毕昇（公元972年—1051年）的刻工有了新发明，他用一个个单个的字代替雕版，这就是活字印刷术。中国是最早发明印刷术（包括雕版印刷术、活字印刷术）的国家，印刷术是中国古代劳动人民的四大发明之一。

木活字和胶泥活字

毕昇最初用的是木活字，但他发现木字模沾水后，容易膨胀变形，就改用了胶泥活字。

制模

烧硬

排版

泥字按顺序"排排站"

怎么用泥活字印刷呢？把烧造好的字模按照文章内容，有顺序地放在木格里，给字刷上油墨，盖上白纸，反复刷来刷去，印刷工作就完成啦。

一架轮盘放着按韵律排列的字模。

另一架轮盘放着普通常用的字模。

按照册子上的记录，说出号码。

王祯的木活字

毕昇放弃了木活字，选择了胶泥活字（宋朝庆历年间，公元 1041 年—1048 年）。到了元朝，农学家王祯（zhēn）却"钟情"木活字。他经过几番试验，解决了木活字变形的技术难题，造出 3 万多个木活字，还发明了转轮排字架。

根据号码转动轮盘，在上面取字。

取好字后，就可以拿去排版印刷啦。

转轮排字盘

51 水运仪象台

天文钟的祖师爷

宋朝天文学家、天文机械制造家苏颂（公元1020年—1101年）担任馆阁校勘、集贤校理等职时，因为有机会接触皇家藏书，他每天都要背下来一段，回家后再默写下来，从无间断。晚年时，他花费了7年时间主持制造了水运仪象台。水运仪象台代表了当时世界天文仪器的最高水平。

起名也危险

"水运仪象台"是一个自动化天文台，靠水力推动运转。苏颂给它起名字时，便加了"水运"二字。然而这个看似不起眼的名字，却差点儿要了他的命。他的政敌诬陷他，说"水运"与大宋王朝的"火德"水火不容，不吉祥。以这个"罪名"在当时能判他死刑，幸亏皇帝信任他，他才免于一死。

苏颂

"组装"的天文台

水运仪象台的最大特点是，它是"组装"的。它由一个浑仪、一个浑象、一个报时装置组合而成。浑仪是观测天文的仪器，浑象是表现天体运行的仪器，报时装置当然是报时用的啦。三种功能集于一身，你说水运仪象台神不神奇？

浑仪

浑象

报时装置

在"灯笼"里看繁星

怎么能让人更直观地理解星辰在太空中的运行呢？苏颂想出了一个主意：设计一种假天仪，让人能进入里面观察星辰。假天仪用竹木制成，像一个特大号的灯笼。"灯笼"上按照夜空中星座的位置开孔，人进到里面，能看到点点光亮，仿佛点点繁星。只要扳动木轴，"灯笼"就会转动起来，呈现出星辰的东升西落，这与现在天文馆里演示人造星空的天象仪的原理相同。

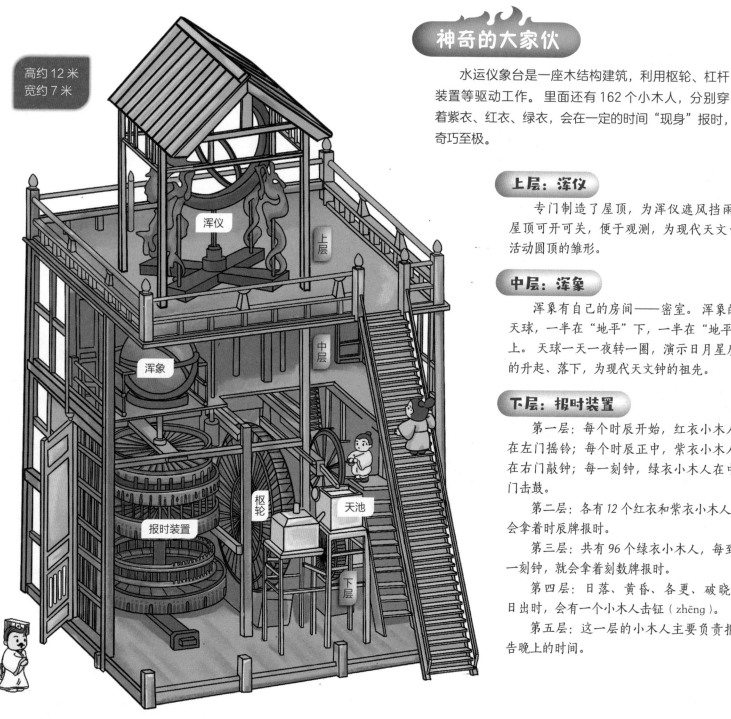

高约 12 米
宽约 7 米

浑仪

上层

中层

浑象

枢轮

报时装置

天池

下层

神奇的大家伙

水运仪象台是一座木结构建筑，利用枢轮、杠杆装置等驱动工作。里面还有 162 个小木人，分别穿着紫衣、红衣、绿衣，会在一定的时间"现身"报时，奇巧至极。

上层：浑仪

专门制造了屋顶，为浑仪遮风挡雨。屋顶可开可关，便于观测，为现代天文台活动圆顶的雏形。

中层：浑象

浑象有自己的房间——密室。浑象的天球，一半在"地平"下，一半在"地平"上。天球一天一夜转一圈，演示日月星辰的升起、落下，为现代天文钟的祖先。

下层：报时装置

第一层：每个时辰开始，红衣小木人在左门摇铃；每个时辰正中，紫衣小木人在右门敲钟；每一刻钟，绿衣小木人在中门击鼓。

第二层：各有 12 个红衣和紫衣小木人，会拿着时辰牌报时。

第三层：共有 96 个绿衣小木人，每到一刻钟，就会拿着刻数牌报时。

第四层：日落、黄昏、各更、破晓、日出时，会有一个小木人击钲（zhēng）。

第五层：这一层的小木人主要负责报告晚上的时间。

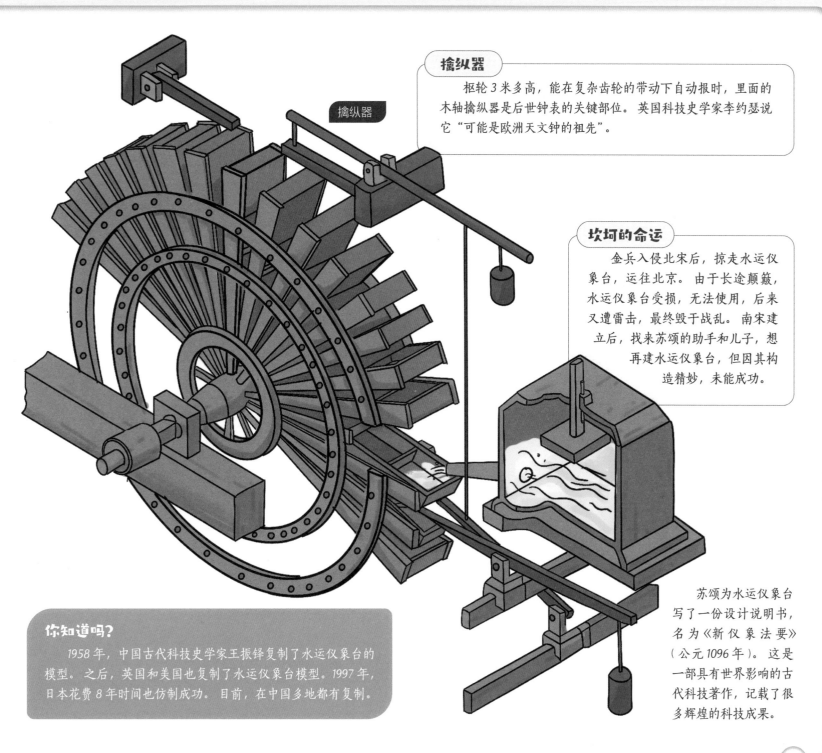

擒纵器

擒纵器

　　枢轮 3 米多高，能在复杂齿轮的带动下自动报时，里面的木轴擒纵器是后世钟表的关键部位。英国科技史学家李约瑟说它"可能是欧洲天文钟的祖先"。

坎坷的命运

　　金兵入侵北宋后，掠走水运仪象台，运往北京。由于长途颠簸，水运仪象台受损，无法使用，后来又遭雷击，最终毁于战乱。南宋建立后，找来苏颂的助手和儿子，想再建水运仪象台，但因其构造精妙，未能成功。

　　苏颂为水运仪象台写了一份设计说明书，名为《新仪象法要》（公元 1096 年）。这是一部具有世界影响的古代科技著作，记载了很多辉煌的科技成果。

你知道吗？

　　1958 年，中国古代科技史学家王振铎复制了水运仪象台的模型。之后，英国和美国也复制了水运仪象台模型。1997 年，日本花费 8 年时间也仿制成功。目前，在中国多地都有复制。

图书在版编目（CIP）数据

了不起的中国古代科技 .2 / 邱成利主编 ; 文小通
著 . —— 北京 : 光明日报出版社 , 2023.5
ISBN 978-7-5194-7183-5

Ⅰ . ①了… Ⅱ . ①邱… ②文… Ⅲ . ①科学技术 – 技
术史 – 中国 – 古代 – 青少年读物 Ⅳ . ① N092-49

中国国家版本馆 CIP 数据核字 (2023) 第 078066 号

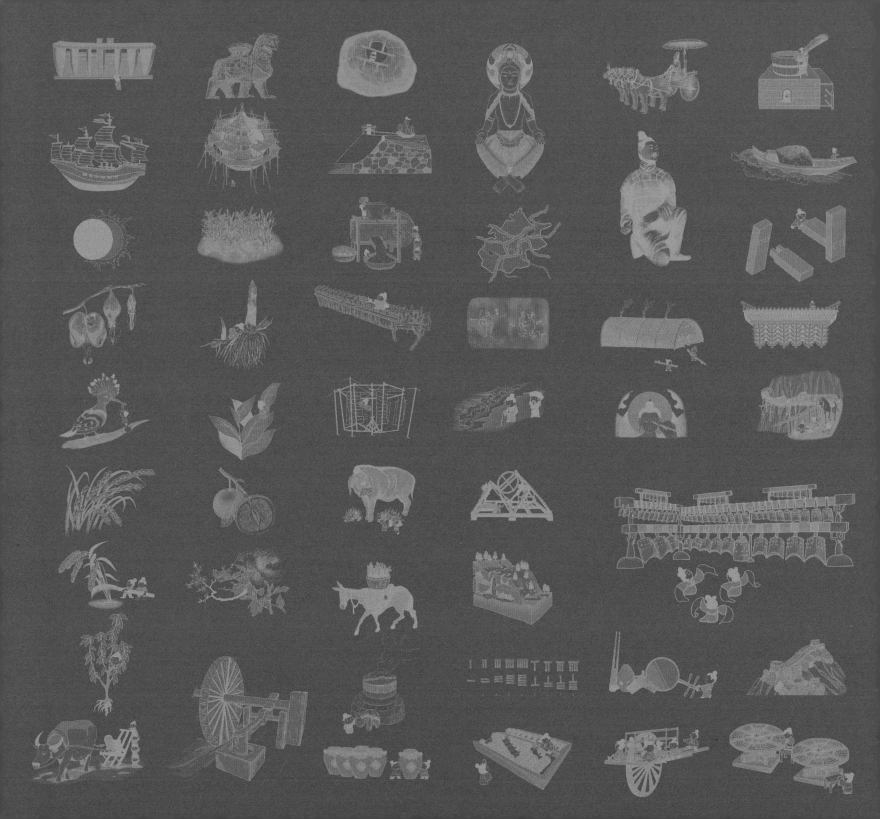